创意工装
设计提案

小型餐厅
空间设计

理想·宅 编

U0363407

中国电力出版社
www.cepp.sgcc.com.cn

内容提要

本书精选知名设计师的近 20 套餐饮空间设计案例，全面展示了各个项目的平面布局规划、软装搭配技巧、色彩设计方法和所用材料。设计师独特的设计手法为各个功能空间带来了令人神往的空间享受。经典案例的集结定能为读者带来奢华的生活享受，同时也为同行间的相互交流提供了良好的平台。

图书在版编目（CIP）数据

小型餐厅空间设计 ／ 理想·宅编． — 北京：
中国电力出版社，2017.1
　（创意工装设计提案）
　ISBN 978-7-5123-9997-6

　Ⅰ．①小… Ⅱ．①理… Ⅲ．①餐馆－室内装饰设计－
图集 Ⅳ．① TU247.3-64

中国版本图书馆 CIP 数据核字 (2016) 第 268415 号

中国电力出版社出版发行
北京市东城区北京站西街19号　　100005　　http://www.cepp.sgcc.com.cn
责任编辑：曹　巍　　责任印制：蔺义舟　　责任校对：太兴华
北京盛通印刷股份有限公司印刷·各地新华书店经售
2017年1月第1版·第1次印刷
787mm×1092mm 1/16·9印张·220千字
定价：58.00元

前言
Preface

有越来越多想自行创业的人，但这些人大多碍于资金问题，因而选择从小店面作为出发点，然而空间小不代表不用设计，相反更需要发挥最大的创意，将绝对不能少的机器设备和与营业额息息相关的客席座位安排在有限的空间里，同时兼顾动线的顺畅以及空间的氛围营造。

不同于一般以饭店、连锁餐厅等大型商业空间为主的商业空间设计，本书针对小型餐饮空间，以小店空间构成主要元素做分类，从外观、吧台、过道、包间、收银区、座位区等方面全面解析餐饮空间设计，收录近20个案例最精彩的空间设计 idea，提供给读者实景空间参考，更进一步拆解图片里的材质、施工、家具选购及搭配技巧，并能从中学习、启发灵活运用中小空间的设计技巧。

Contents 目录

PART 1

异域风情的主题餐厅

植物上墙，演绎唯美气息的东南亚料理餐厅

设计师：沈嘉伟

设计面积：600 平方米

装修造价：200 万元

装修主材：木地板、石材、墙砖、墙绘材料、饰面板、绿植

| 案例说明 |

本案为东南亚料理餐厅，店主是一位美女老板，对于设计要求就一句话：设计我没要求，你做主！因此，合作方放权给设计师，设计师能不受约束地去发挥想象力。尤其在色彩搭配上，下了不少功夫。为了不给客人千篇一律之感，有的区域以天蓝、桃红做搭配；有的区域则以翠绿与粉蓝相映衬。墙面以花卉、绿植和工艺品交相呼应，给人一种色彩斑斓的极致美感。而最终，餐厅就像一个掩映着数层面纱的神秘少女，一层一层等待被揭开，等待去细品。

一层靠墙沙发区

造型墙与沙发相结合，在最大化利用空间的同时，也活跃了用餐氛围

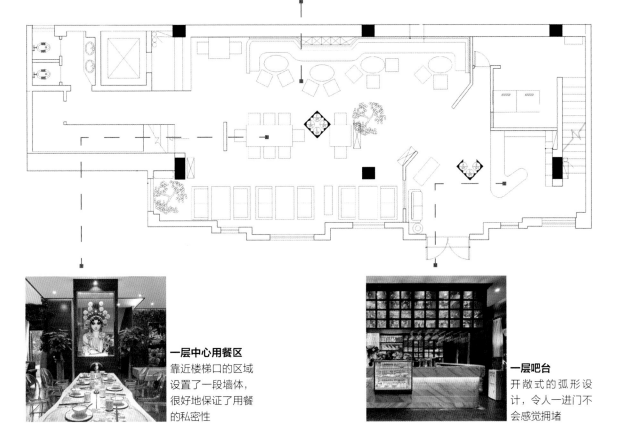

一层中心用餐区

靠近楼梯口的区域设置了一段墙体，很好地保证了用餐的私密性

一层吧台

开敞式的弧形设计，令人一进门不会感觉拥堵

东南亚风格常见软装材料	
原木	原木以其拙朴、自然的姿态成为追求天然的东南亚风格的最佳材料
石材	东南亚石材具有地域特色，表面带有石材特有的质感，搭配木质家具会呈现出古朴、神秘的氛围
彩色玻璃	彩色玻璃不仅色彩斑斓、透光性好，而且富有神秘气息。在东南亚风格中多应用于各类工艺品和玻璃隔断
青铜	古代铜鼓代表着东南亚青铜时代繁荣的顶峰，现今在东南亚风格软装中大多为佛像和各种工艺品摆件

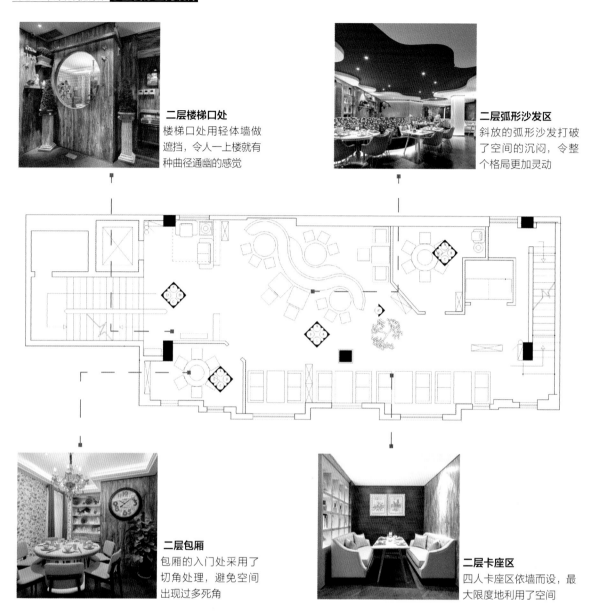

二层楼梯口处
楼梯口处用轻体墙做遮挡，令人一上楼就有种曲径通幽的感觉

二层弧形沙发区
斜放的弧形沙发打破了空间的沉闷，令整个格局更加灵动

二层包厢
包厢的入门处采用了切角处理，避免空间出现过多死角

二层卡座区
四人卡座区依墙而设，最大限度地利用了空间

设计剖析

　　设计师主要设计的是东南亚料理餐厅，但是基于制作与当代不同的艺术空间的视点，所以在设计过程中通过拟人化美学艺术手法，让餐厅具有一定特色的文艺范儿和女性气质。整个作品的色彩体系是主要背景色，地面采用深棕色的木地板，墙面一部分是木地板上墙，起到弱化墙面的作用，突出散座区的艺术墙砖，同时与墙面的植物交相辉映，组成独特的韵律在墙面回荡，再通过光环境和喷绘玻璃，让进入一层的主视角能够迅速带给人们强烈的视觉美感。

一层吧台

透明玻璃器皿与黑色格子架形成强烈对比

晶莹剔透的玻璃器皿摆放在纯黑色的格子架里，以纯黑的木质来衬托器皿的通透，在灯光的照射下，吧台区域更加熠熠生辉。

东南亚风格四大特点	
1	天然材料是室内装饰的首选
2	大胆用色可以体现出东南亚风格的热情奔放，但最好做局部点缀
3	色彩艳丽的泰丝抱枕装饰是东南亚家居的最佳搭档
4	花草和禅意图案点染出东南亚风格的热带风情及禅意

一层靠墙沙发区

植物上墙为空间增添活力

　　生机勃勃的植物蜿蜒盘旋在墙体上，与挂画形成了一道绝美的风景，同时墙体突出的一部分作为主要
装饰墙，令空间造型更加丰富。

一层中心用餐区

玻璃装饰画扩大空间的开阔感

　　透明玻璃与戏曲美女的结合是这一区域的点睛之笔，玻璃的运用增加了这一空间的开阔感，而戏曲美女则很好地诠释了这一空间的主题，为餐厅注入了文艺气息。

▰▰ 二层楼梯口处 ╱╱

做旧的木材料质朴自然

　　楼梯口处以细木工板作为包间的隔断墙，外贴饰面板并做旧处理，同时保留了木材的自然纹理，非常符合东南亚风格淳朴、自然的特征。

东南亚风格常见形状图案	
树叶图案	树叶图案本身就代表了自然、质朴及原始，能够使热带气息呼之欲出
莲花、荷叶图案	寓意美好的莲花、荷叶图案是东南亚风格的最爱，能够体现物我相融的境界
佛像图案	无论是佛像雕塑还是佛像壁画，都可以洋溢出浓郁的禅意气息

二层包厢

大胆用色体现出东南亚料理餐厅的炫目和神秘

东南亚料理餐厅把自然淳朴的用材与绚烂、颓废的用色相结合，不露痕迹地体现一种炫目和神秘。绿色、黄色、桃红色、蓝色、紫色等缤纷的色彩分别用在不同的包间中，令人沉醉其中。

二层弧形沙发区

花草图案的布艺织物和鹅卵石靠背显示出浓浓的热带风情

　　芭蕉叶、莲花、树叶等花草图案是东南亚风格中经常用到的，但是不会大面积地运用，而是以区域性呈现。本案例中花草图案以抱枕的形式表现出来，与蓝色鹅卵石铺贴的沙发靠背相得益彰，共同营造出浓浓的热带风情。

二层卡座区

卡座设计节省空间

　　在空间不是很宽裕的情况下，采用卡座形式是个不错的选择，因为卡座依墙而设，所以更能节省空间。一般 4 人一组的高靠背卡座，每个卡座中间为 0.6 米宽，座椅与条桌通长。

红墙、绿影，勾勒出脱俗的韩国料理店

设计师：卢忆

设计面积：98 平方米

装修造价：12 万元

装修主材：实木、仿古砖、墙绘、枯树枝、蓝色彩钢板、彩色线圈、绿植

| 案例说明 |

　　本案作为一家源自韩国的料理店，以如何让顾客既感受到韩式调性的氛围，又能在这样的环境里放松下来并停留在这里，品味美食带来的舌尖上的体验为宗旨，设计师在材料运用和色彩搭配方面选择了更为简洁的方式来表达。以红墙、绿影勾勒出一幅在异国品尝饕餮盛宴的场景。

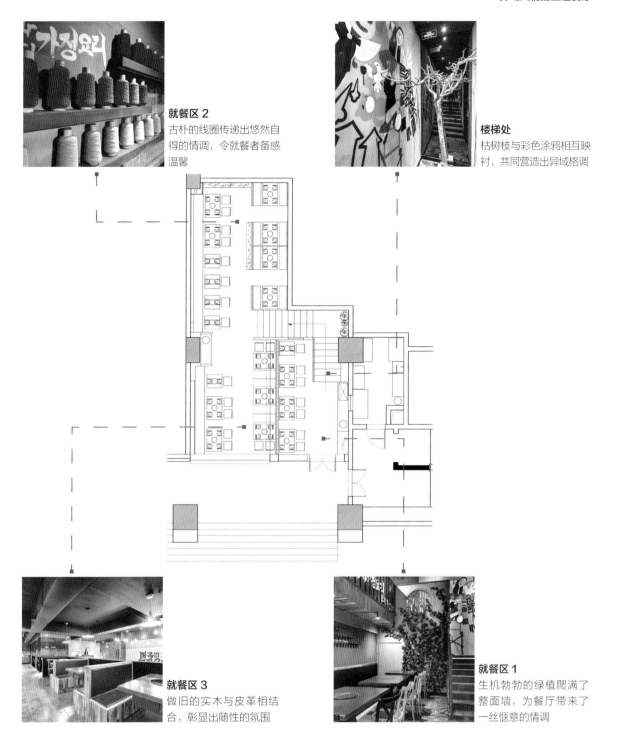

就餐区 2
古朴的线圈传递出悠然自得的情调，令就餐者备感温馨

楼梯处
枯树枝与彩色涂鸦相互映衬，共同营造出异域格调

就餐区 3
做旧的实木与皮革相结合，彰显出随性的氛围

就餐区 1
生机勃勃的绿植爬满了整面墙，为餐厅带来了一丝惬意的情调

设计剖析

　　设计师以营造轻松氛围为主。从喧嚣的街边走入店内，映入眼帘的彩色线圈装饰、架上的书籍和饮品让顾客在踏入这里时，便能感受到无距离的亲切感，远处的爬山虎静静地相互萦绕着，白色的枯树枝上停着的几只小鸟叽叽喳喳，似乎在谈论着美食的诱惑，此情此景不禁让人多了想要来此一探究竟的好奇。

就餐区 1

红墙、绿植与彩色线圈营造出轻松气息

进入店中首先映入眼帘的是红墙与生机勃勃的爬山虎，绿色与红色的强烈对比令整个空间极具生气，搭配原水泥地面与古老的彩色线圈，令顾客远离城市的喧嚣，感受到料理店特有的轻松与舒适。

楼梯处

错层空间打造生动格局

　　楼梯的尽头是错层空间，独立又融合的布局划分，让原本局限而呆板的格局瞬间生动了起来，搭配形状怪异的枯树枝，营造出一种醉人的森林风。

就餐区 2

仿古地砖古朴典雅

　　深灰色的仿古地砖既保留了陶的质朴、厚重，又不乏瓷的细腻、润泽。这些仿古地砖被打磨成不规则的形状，造成一副被岁月侵蚀的模样，人们内心深处的历史感、沧桑感、怀旧感、自然感、回归感等，不经意间在一块块地板上流露出来，复古又不失时尚。

就餐区 3

蓝色钢板与彩色涂鸦诉说着有趣的故事

　　蓝色彩钢板和墙面涂鸦的结合，临街而坐，窗外熙攘纷杂，窗内美食飘香，述说着来自异国的味道，活泼的人物墙绘将味蕾中的故事向顾客娓娓道来。

韩式风格设计要点	
常用建材	仿古砖、涂料、木隔断、蕾丝、彩色涂鸦
常用色彩	白色＋粉色、粉色＋蓝色、原木色、蓝色＋棕红色
常用装饰	韩式木雕、韩国面具、韩国太极扇、民间绘画、白色瓷器、攀附植物
常见形状图案	花卉图案、花草纹饰、蝴蝶图案

PART 2

怀旧复古的主题餐厅

旧物利用，回归峥嵘岁月的家宴

设计师：许建国

设计面积： 400 平方米

装修造价： 40 万元

装修主材：旧门、旧窗、钢板、红砖、仿古砖

案例说明

　　本案是一个家宴形式的餐厅。设计师的整体设计思路是从新文化入手，运用简单的材料呈现出非凡的效果。在本案中追寻着餐厅家族的历史人脉，结合现当代的设计思维，使得家宴在当今社会能更久远地传承下去。起初，在项目周边探访时，设计师偶然间在一个古老的小巷内发现了一所即将拆迁的旧时小学。看着准备拆卸下来被当成废物的旧学堂的门窗、课桌时，设计师的创作灵感被触发了。这不是设计师苦苦追寻却不得的旧时印记吗？为何不将它与我们现在的家宴的餐饮设计相结合。让岁月年轮留下的辙印在我们有着同样厚重历史的家宴里得以继续保存。于是，设计师就对这些从巷子里的一所老学校里拆下来的旧课桌、旧板凳、旧门窗二次利用，重新嫁接。让家宴给顾客们带来一种久埋心底的回归的感觉，给旧物以第二次生命，给家宴以传承的新源泉。

一层过道
过道比较狭长，为了避免沉闷感，特意在墙上开窗，令空间更加开阔

一层大包厢
大包间的休息区与用餐区分割开来，很好地保证了用餐的私密性

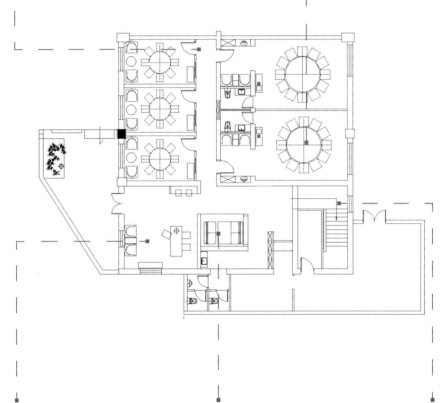

一层门厅
门厅是顾客进门对餐厅的第一印象，所以简单而有格调的布置最适宜

一层卡座区
地面抬高与墙面半围合的设计，令卡座区更具私密性

楼梯口处
备餐间与楼梯口距离近，可以减少送餐时间，保证传菜效率

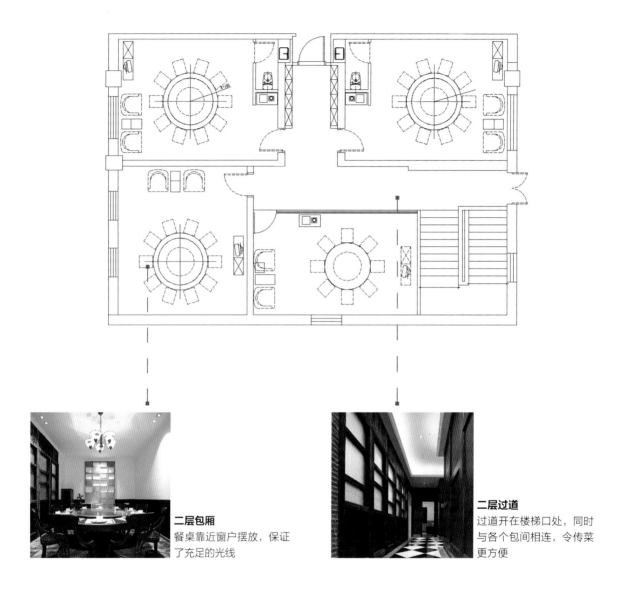

二层包厢
餐桌靠近窗户摆放，保证了充足的光线

二层过道
过道开在楼梯口处，同时与各个包间相连，令传菜更方便

设计剖析

　　设计师将一张张、一扇扇原先静静躺在旧学堂等待被当废品处理的旧课桌、旧板凳和旧门窗，以崭新的姿态出现在世人眼前。令这个餐饮空间充满了儿时课堂的岁月点滴，这里还有 20 世纪六七十年代的历史剪影。新改造的旧窗框具有一种仿古的韵味，是本案原始、回归、自然的体现。也表达了设计师从容、自然，营造出一种返璞归真环境的大气的设计手法，从而创造了一个为顾客畅饮通杯没有压力的独特的就餐环境。

一层门厅

门厅保持原汁原味的 20 世纪六七十年代的韵味

　　白墙的下半部分刷军绿色的墙漆，墙上挂着为新中国成立做出巨大贡献的伟人画像，搪瓷脸盆和古旧的木质家具，都原汁原味地保留了 20 世纪六七十年代的味道，令人顿时陷入美好回忆之中。

一层过道

红砖墙与木窗彰显古朴气息

红色的砖墙与刷着深红色油漆的木窗，顿时把人的思绪带到了儿时的记忆中，一切是如此的熟悉与亲切，很好地凸显了家宴的风格。

一层卡座区

地面抬高令卡座区更具私密性

卡座区采用地面抬高 10 厘米，并用地板铺贴，四周做半开放式隔断的设计，令就餐空间更具私密性，很好地与四周做出了区分。

一层大包厢

明暗结合的灯光令空间更具层次感

包间桌面的重点照明可有效地增进食欲，而其他区域相对暗一些，有艺术品的地方用射灯加以突出，这种明暗结合的照明形式使整个空间更具层次感。

楼梯口处

水泥墙面与老式物件保留着原始的味道

楼梯口处摒弃了过多的墙面装饰，保持了原建筑墙面的水泥质感。老式二八自行车，静静地待在楼梯口的角落里，像是一把刻尺镌刻着时光还未来得及带走的回忆。

怀旧风格设计要点	
常用建材	粗犷的实木、红砖、仿古地砖、水泥地面、文化石
常用色彩	军绿色＋大红色、棕红色＋蓝色、米黄色＋棕红色
常用装饰	老照片、老式自行车、收音机、做旧陶器、未经雕琢的植物
常用形状图案	中式雕花、对称形、几何形、农村主题绘画、伟人画像

二层过道

黑白相间的地砖为空间增添活力

二层过道较为封闭和狭长，地面采用黑白相间的瓷砖斜拼，拓宽了过道的空间感，同时与深色木纹的墙面形成强烈的对比，令空间更具活力。

■ 二层包厢

红色的实木桌椅增进人的食欲

　　高纯度的红色实木桌椅，具有强烈的刺激感和欢快感，能够鼓励人进食，搭配白色、蓝色和米色，令餐厅的氛围更加温暖、舒适。

原生态材料，缔造农家风味餐厅

设计师： 徐旭俊

设计面积： 400 平方米

装修造价： 30 万元

装修主材： 旧木板、白桦树、玉米、陶罐、红色大花布、瓷碗

案例说明

　　本设计运用了大量的农家风味元素，如旧木板、白桦树、玉米、陶罐、红色大花布、瓷碗等，能给顾客一种亲切、自然、朴实的感觉，但平和、朴实的装饰之中也不失大气。餐厅本来就是给人消费的场所，消费不仅仅是物质上的消费，也是精神上的消费。在顾客享用餐厅独特风味美食的同时，也不忘前辈们、劳作人民的辛勤劳作，饮水思源，让顾客体会到那份劳动的快乐、丰收的喜悦，这也是一种精神上的收获。所以，餐厅在满足顾客日常生活消费需要的同时，在精神层面上具有更深远的意义，这样的设计才是有生命的设计。

前台区
前台区设计成吧台的形式，
在起到分隔空间作用的同时，
也增加了空间的休闲氛围

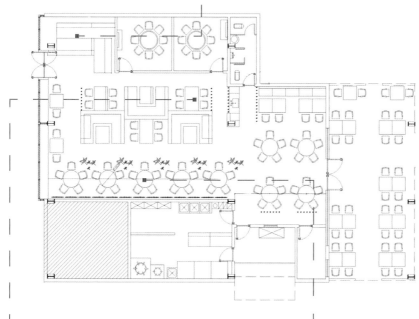

卡座区
卡座区设计成两种形式交
错排列，给人以独特的新
鲜感

圆形餐桌区
圆桌靠近墙面放置，预留
出一侧作为服务通道

设计剖析

　　设计师的灵感来源于设计师本人在中国东北地区的生活经历，中国东北地区纯朴热烈的民俗、自然原始的地域风貌一直深深地印在设计师本人的脑海中，与同样有着中国东北地区生活经历的业主一拍即合。因此，餐厅设计定位在中国传统民俗风格，运用中国东北地区农家特有的传统元素进行设计、造型、装饰，让顾客进餐之时感受到农家的味道，给顾客留下了深刻的印象，以利于顾客们再来就餐，增加回头客，进而提高营业额。

前台区

艺术吊灯与灯带相结合为吧台增添文化气息

前台区在入门的左边，以颇具艺术气息的吊灯与吧台下面的灯带相结合，令这个区域的灯光氛围和谐、美观，很好地抓住了顾客的眼球。搭配古朴的陶罐，令人仿佛进入了东北的乡村生活中。

圆形餐桌区

圆形餐桌增添热闹气氛

中国人喜爱团圆、热闹的气氛，因此用圆形餐桌再合适不过了。一家人围坐在餐桌前，有说有笑，充分体现出阖家团圆的味道。在考虑餐桌的尺寸时，还要考虑到餐桌离墙的距离，一般控制在 80 厘米左右比较好，这个距离是能把椅子拉出来并能使顾客方便活动的最小距离。

卡座区

大花布艺与白桦树相得益彰

　　中国东北地区特有的红色大花布与带有自然纹理的白桦树相得益彰，共同营造出温暖的居室氛围。让人有在白雪皑皑的冬季裹着棉袄吃着热腾腾饭菜的惬意之感。

中式格花，表现简约中式风的川菜生活餐厅

设计师： 王五平

设计面积： 400 平方米

装修造价： 50 万元

装修主材： 拿铁灰大理石、釉面砖、木饰面、皮革

| 案例说明 |

　　本案是一家川菜生活餐厅。川菜作为中国八大菜系之一，历史悠久，在中国烹饪史上占有重要的地位，它融汇了中国东南西北各地方的特点，善于吸收，敢于创新。本案作为新派川菜餐厅，在空间格调上，以简洁时尚的手法为主，并加入了一些现代中式格花元素，既符合现代人的审美情趣，又表现出川菜悠久的历史文化。为了营造餐厅安静、舒适、高档的就餐氛围，设计师基本上以深色调去表现空间环境，对就餐区辅以点光源设计，灯光打在桌面的菜品上，营造出更大的视觉诱惑力。

一层前厅

前厅保留了中空，为表现
川菜作为中国几大菜系当
中的大气之感

一层大厅

楼梯口处形象墙的设置，避
免了大厅一览无余的尴尬

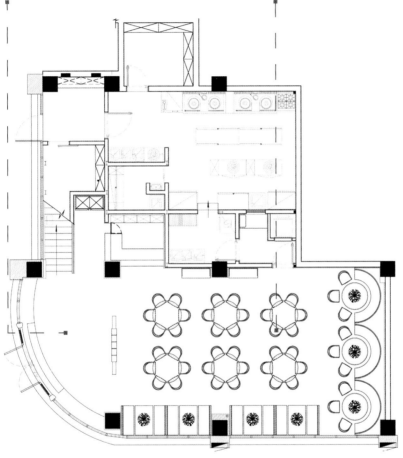

简约中式风的设计要点	
常用建材	木材、竹木、青砖、石材、中式风格壁纸、软包
常用家具	圈椅、简约化博古架、线条简练的中式家具、现代家具＋清式家具
常用配色	白色、白色＋黑色＋灰色、黑色＋灰色、吊顶颜色浅于地面与墙面
常用装饰	仿古灯、青花瓷、茶案、古典乐器、花鸟图、水墨山水画、中式书法
常用形状图案	中式镂空雕刻、中式雕花吊顶、直线条、荷花图案、梅兰竹菊、龙凤图案、骏马图案

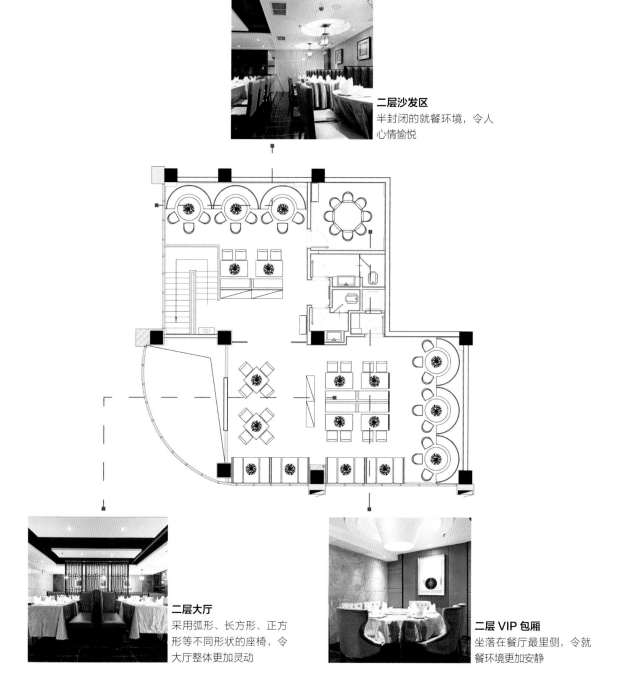

二层沙发区
半封闭的就餐环境，令人
心情愉悦

二层大厅
采用弧形、长方形、正方
形等不同形状的座椅，令
大厅整体更加灵动

二层 VIP 包厢
坐落在餐厅最里侧，令就
餐环境更加安静

设计剖析

　　本项目为挑高 5 米多裙楼商业空间，为了商业价值利用最大化，设计师利用这个层高，将其改造成两层空间，由于层高不是很理想，设计师就在一楼下挖了 30 厘米，这样两层的高度空间就变得比较舒适了。整体设计手法简洁，墙面主要用了浅色的釉面砖和深色的拿铁灰大理石相融相间，墙砖铺贴的形态很具有设计韵律感，强调作为新派川菜在大气之外的精致与细腻。

一层前厅

拿铁灰大理石表现出前厅的气势

优质拿铁灰大理石抛光面细腻、光亮，拥有像镜面一样的光泽度，能清晰地映出景物。适合挑空高的前厅使用，能很好地表现这一空间的气势。

一层大厅

圆形挂饰与圆形餐桌相互呼应

　　一楼就餐区的大厅正面墙上，用了 9 个大小不一的圆形挂饰，给人以很强的视觉冲击力，同时也与一楼大厅整体圆桌相呼应，柱子旁则用了白色干枝，不知不觉中丰富柔化了这一整体空间。

二层大厅

中式格花屏风与餐厅整体氛围相适应

中式格花屏风造型古朴、格调优雅，隔而不断的设计方式，能保证整体的用餐光线，不会令人感觉沉闷。同时又能很好地表现出简约中式风餐厅的意境。

二层 VIP 包厢

圆形餐桌与吊顶表现团圆气氛

　　包间设计简洁大气，采用圆形餐桌与顶面圆形吊顶相结合的方式，恰到好处地表现出中国人喜爱热闹、团圆的氛围。

二层沙发区

几何形的铁艺吊灯增添空间张力

　　几何形的铁艺吊灯棱角分明、造型时尚，与棕色皮质沙发形成强有力的对比，令空间更具张力。但在施工时应注意考虑龙骨的加固，保证吊灯安装牢固。

外景内用，打造重庆传统民居韵味的火锅店

设计师：吴刚

设计面积： 600 平方米

装修造价： 100 万元

装修主材：青瓦、青砖、水泥自流平、青石板、原木（榆木或水曲柳）、砖雕、玻璃

| 案例说明 |

　　本火锅的店面定位于朴实自然的老百姓消费，同时以文化空间和文化火锅为主题，为火锅的经营赋予了文化的内涵。设计中融合古镇的建筑特色，外景内用，由建筑延伸，在室内形成空间特色，再配以当地民间百姓朴实的生活或民俗物品陈设于空间之中，使顾客犹如置身于老重庆的文化氛围之中，既享受了美食火锅，又受到了老重庆文化的熏陶。

过道
在包厢区域划分出一个直通南北的过道，方便了客人之间的交流

休息区
设置在通往门厅的拐角处，此处人流量较大，设置座椅可方便客人等待和休息

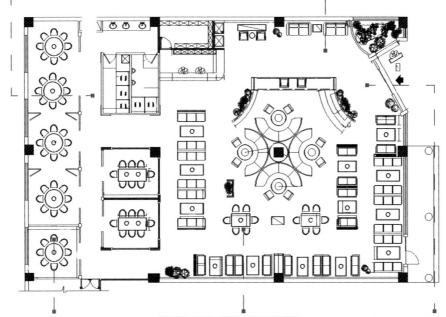

包厢
可开可合的双包间设置，非常人性化，方便客人交流

大厅
弧形沙发区以柱子为中心放置，有效地利用了空间的原始结构

门厅
原本方正的空间，通过弧形背景墙的处理，将其分割成较具围合感的门厅空间

设计剖析

　　设计师以现代时尚略带传统元素风格为主，在设计上强化主题，给人以有品位、现代、时尚的感觉，注重突出文化内涵，挖掘餐饮文化的精髓。同时强调空间的整体化，根据不同功能对应的空间立面做出处理方案，提倡自然简洁和理性的规则，比例均匀，形式新颖，材料搭配合理，收口方式干净利落，维护方便，使内部结构严密紧凑，空间穿插有序、虚实结合，有效达到了局部与整体的协调。

门厅

弧形墙体与绿植寓意深刻

　　设计师对店面入口进行了弧形设计，并配以绿色植物景观，寓意着生机勃勃的发展；入口内部有玄关隔断，配以水景和绿色植物，象征着财源滚滚、蒸蒸日上。

重庆民居风格的设计要点	
常用建材	文化石、瓦片、青砖、铜雕、墙绘
常用配色	大地色＋红色、黑色＋灰色＋绿色、橙色＋蓝色
常用装饰	红辣椒、红灯笼、青花瓷、明代家具、线帘、月亮门
常用形状图案	民俗风彩绘吊顶、中式镂空雕刻、吊脚楼形式隔断、山水写意画、龙凤图案

休息区

精致的月亮门展现古典韵味

　　月亮门线条流畅、优美，而且造型中蕴含着中国传统文化所追求的圆满、吉祥等寓意。花格设计为"万字不到头""冰裂纹"等形式或葡萄、荷花等缠枝纹透雕形式，象征着吉祥与招财，是中华民族传统文化的一种表现。放在休息区作为背景使用，令餐厅更加具有古典韵味。

包厢

可开可合的双包间设置令空间更具灵活性

有些餐厅为了使用上的灵活性，在大型包间中间设置有活动隔断的桌间，并在包间前后各设一个门。需要单独使用时，可以用隔断将包间分成两个各有一张餐桌的小包间；需要合起来使用时，可以拉开隔断，使之成为一个具有两张餐桌的大包间。

大厅

大厅展现古城气息

　　大厅中央区域的柱子采用的是古镇吊脚楼的变形效果，用木质结构制作而成，体现出一定的建筑特色，使人仿佛置身于古镇的街头巷尾，品味着独具风味的火锅美食。在大厅的南侧墙面，采用整墙的手绘重庆山城的景观，使顾客既欣赏了山城影像又品尝了火锅。

民俗物品具有较强的民族气息

　　青砖、青瓦、麻绳、实木等民俗物品穿插分布在大厅中，展现出原住居民平缓悠闲、淡泊宁静的生活方式。同时，也将人与人的相互联系和邻里亲情展示得更为充分。

过道

灯笼灯具传递喜庆

　　一盏盏泛着暖黄灯光的灯笼灯具，象征着团圆、喜庆，整齐地排列在过道顶部，与深红色的实木门窗相映衬，体现出中式风格的雅致。

旧材新用，追忆文艺气息的主题餐厅

设计师： 由伟壮

设计面积： 300 平方米

装修造价： 30 万元

装修主材： 水泥板、彩色玻璃、仿古砖、有色涂料、藤、小灰砖、灰瓦片、杉木板、花格、彩色地板、铁艺、红砖

| 案例说明 |

　　"正如故乡是用来怀念的，青春就是用来追忆的，当你怀揣着它时，它一文不值；只有将它耗尽后，再回过头看时，一切才有了意义。"设计师以"追寻'70''80'后文艺范儿味道"为主题，打造了这套集"美食、下午茶、书、音乐、电影"五项功能于一体的文艺主题餐厅。设计师将藤艺、竹的楼梯装饰灯、麻绳等作为设计主材，配合金钱草、水泥板、真石漆等现代科技的产物，两者的结合恰到好处地展现出餐厅的文艺气息。

一层大厅
弧形的屏风把空间分割成
既整体又相互独立的区域

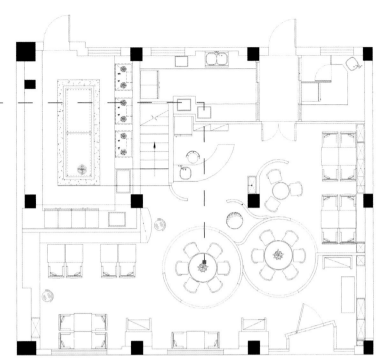

二层过道
过道旁边开放性的矮柜，
可以展示各种工艺品

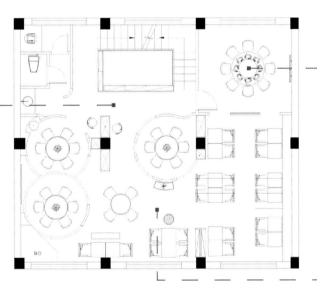

二层包厢
包厢顶面采用浅色实木板
与石膏板结合造型设计，
既新颖又不失古典韵味

二层大厅
地面以不同材质的地板
铺贴，使空间氛围看起
来更加丰富多彩

三层包厢
因包厢面积较大，设置了
衣柜、休闲等区域，更为
人性化

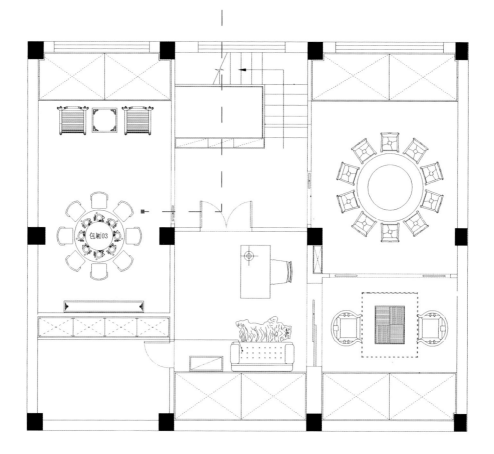

设计剖析

　　设计师以个性的格调突破了室内空间的因循守旧，做旧仿古砖铺设的地面，粗藤细竹编制的桌椅，以及空间中不同年代的古老摆件，比如伟人的彩色与黑白照片、红领巾的蓝色格子衣服、雷锋画像、姑嫂挂历头像、小黑板、旧电视、收音机、茶缸等，使空间环境给人以气定神闲与豁然开朗的感觉。

一层大厅

黑板画与墙绘的运用引起人们的精神共鸣

　　一层大厅的墙面上广泛使用墙绘和黑板画，仿佛把人带回到学生时代，那段青葱岁月令人心驰神往，使人在品尝美食的同时也产生了精神上的共鸣。

二层大厅

随处摆放的饰品追求自由的心境

　　通过对饰品的自由摆放、色彩的多样大胆的搭配，表达出设计师在设计上追求的一种自由、无拘无束的形态。重新装裱的老照片随性地挂在墙上，与餐厅的整个意境非常吻合。

二层过道

未经雕琢的麻绳与木质灯罩彰显出自然的古朴

　　过道紧邻楼梯，为了保证光线的充足，设计师并没有做过多的设计，下半部分采用开放式的展示柜，上半部分运用麻绳与木骨架灯交叉布置，未经雕琢的自然色彩，呈现出自然的古朴气息。

二层包厢

现代材料与古旧材料结合展现空间的时代感

　　一味地体现古文化，会略显沉闷，设计师采用现代的装饰材料与之协调搭配：天然的生态木与具现代感的石膏板、藤质座椅与玻璃台面融合。整个设计在体现古代文化特色的同时，又具有时代感。

三层包间

三角木梁的架构带来古典气息

　　三层包厢的顶面继承了过去瓦房的吊顶设计，木龙骨、草席与主梁等材料横竖穿插交错，保证了包间顶面的美观性与安全性。

文艺气息餐厅的设计要点

常用建材	黑漆、原木、仿古砖、藤竹、彩色玻璃、生态板
常用色彩	大地色＋橙色、黄色＋绿色、棕色＋淡蓝色等鲜艳的糖果色系
常用装饰	艺术黑板、藤竹隔断、书籍、小型花卉、铁艺吊灯、红领巾、麻绳、挂画

三层过道

黑色铁艺扶手与木质踏步为空间增添工业气息

　　与复杂的木质扶手相比，铁艺扶手的流线更加简洁、流畅，具有工业气息，与木质踏步形成了鲜明的对比，同时铁艺扶手上又缠有米色的麻绳，无形中又将两者结合了起来。

PART 3

个性时尚的主题餐厅

撞色搭配，演绎欢乐的牛排店

设计师： 卢忆

设计面积： 220 平方米

装修造价： 35 万元

装修主材： 生态板、黑白地砖、不锈钢、铁艺、涂料、皮革

| 案例说明 |

　　本案是一家牛排店。餐厅的装饰一直紧紧围绕着"欢乐、时尚、休闲、情趣、品位"的主题，当人们谈论着传统牛排店的感觉时，多数人都会联想到稳重温和的空间，而本案从理念的本源出发，大胆地运用了撞"色"概念，红、黄、蓝三原色的穿插搭配，令空间多姿多彩。作为永不淘汰的经典西餐，一块牛排，足以满足肉食主义者们从味蕾到饱腹的所有需求。这个饱腹的过程通过色彩的碰撞也让顾客在体验食物的同时一饱眼福。

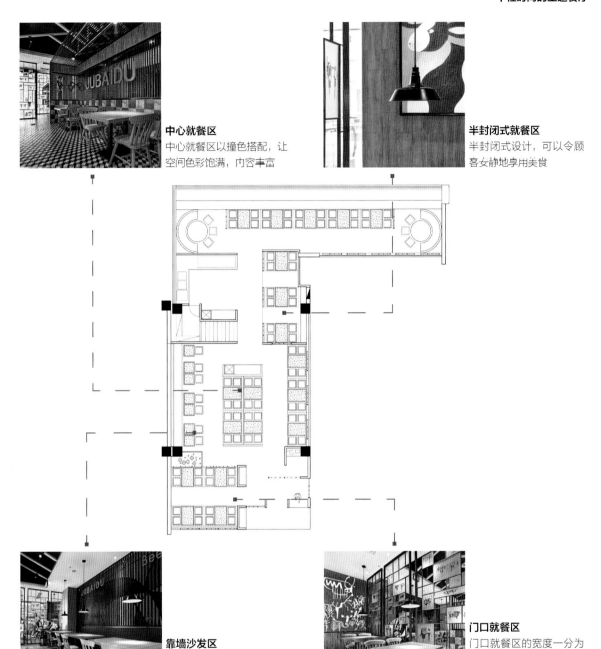

中心就餐区
中心就餐区以撞色搭配，让空间色彩饱满，内容丰富

半封闭式就餐区
半封闭式设计，可以令顾客女静地享用美食

靠墙沙发区
沙发区的墙体作为重点装饰，令顾客可以边吃饭边欣赏

门口就餐区
门口就餐区的宽度一分为三，两排座椅靠墙放置，中间作为过道，这样设置非常节省空间

设计剖析

　　设计师根据空间的特殊性，屋架支在中厅用餐区，如同在农场中办的一场盛宴，邀请了四方来宾，蓝色、橙色铁架隔断，各色的牛图形，组合成一幅幅隐约地连贯着相对独立空间的百牛图，局部棕色的墙面上勾勒着各种图形，带着时间的印记，用特殊的方式述说着它的故事，来到这里的人，除了能品尝到食物的独特味道外，更能体验一把时尚主题的"百感图"。

门口就餐区

抽象画给人更多
的联想

门口处设置了一扇开放性的隔断架，里面参差错落地镶嵌着玻璃抽象画，牛的造型千奇百怪，却又趣味横生，可以引发顾客的各种联想。

靠墙沙发区

色彩鲜艳的牛雕像惹人注目

在靠墙的沙发尽头独立开辟一个区域，展示牛的雕像，其中牛的色彩以红、黄、蓝三原色塑造，明度与饱和度都很高，很容易引起人的注意，是餐厅独具特色的景观。

中心就餐区

蓝色铁架突出农场氛围

中心用餐区以蓝色铁架做成的半围合的效果，非常具有韵味，令客人仿佛置身于欢乐的农场内，吃着原汁原味的美食，痛快地饮着酒。

半封闭式就餐区

大幅简笔画活跃气氛

就餐区采用木隔断把空间分割成一个个私密性的区域，可供客人静静地品尝美食，而墙上大幅的简笔画，色彩艳丽、动态可掬，很好地活跃了整个空间的气氛。

裸眼 3D 技术，诠释唯美的海鲜微超餐厅

设计师： 吴雪峰

设计面积： 300 平方米

装修造价： 80 万元

装修主材： 麻绳、铁网、实木、皮革、玻璃、黑漆

| 案例说明 |

　　本案是一个餐厅项目，位于商场内，定位为海鲜微超餐厅，将其作为品牌打造全新的视觉形象；餐厅在运营上运用超市概念，展示其丰富的海鲜食材，使用自选食物的模式及开敞式的厨房设计，让顾客与食品之间产生一种互动性体验。餐厅最具特色的地方在于运用全新的表现形式，将裸眼 3D 技术置于室内，运用影像概念模拟动态海洋的场景，让人感觉仿佛置身于海洋之中，自然元素运用及材质的表现，让人感受到大自然的浩瀚之美，传递着新的科技视觉体验。

收银区
收银区前面预留较大空间，使客人排队等候时不会过于拥挤

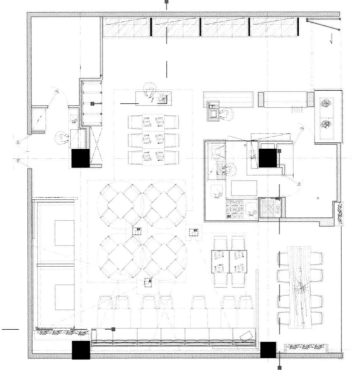

开敞用餐区
以大型裸眼 3D 技术的显示屏装饰餐区墙体，令用餐区的顾客都能体会到不一样的视觉感受

食品加工区
半封闭式设计，可以令顾客安静地享用美食

设计剖析

　　餐厅设计理念以独特新颖与创意为思想，以北非特有沙漠及岩石等自然景观的红褐、土黄的浓厚色彩组合，烘托出地中海风格自由、浪漫的精髓。摒弃现有的浮夸、纷繁复杂的室内设计结构和精雕细琢的奢华，追求海洋特有的神韵，向着自然与浪漫出发。餐厅的功能分区清晰，前区为自选食品区，以未经处理的实木家具和大量的水草来表现碧海晴天下在甲板上用餐的惬意。

收银区

原木拼贴的收银台增添自然气息

餐厅的收银台以原木拼接，保留了木质天然的纹理，给餐厅带来了浓浓的自然气息。施工前应注意木料的烘干及防霉处理，保证原木的稳定性。

地中海风格餐厅的常见软装材料	
做旧的实木	做旧的实木家具可以表现出被海风雕琢的痕迹，很好地诠释出地中海风格自由、浪漫的精神
皮革家具	皮革家具以其特有的纹理与质感营造出低调、奢华、舒适的效果
铁艺装饰品	无论是铁艺烛台，还是铁艺花器、铁艺家具、铁艺隔断等，都可以成为地中海风格家居中独特的美学产物
不规则灯饰	地中海沿岸的房屋或家具的线条显得比较自然，而不是直来直去的，因而无论是家具还是灯饰，都形成一种独特的不修边幅的造型

食品加工区

开敞式厨房设计让人产生互动感

　　开敞式的厨房设计能使顾客看到食品加工的过程和方法，拉近了与顾客之间的距离。能产生良好的互动，很适合西餐厅选用。

地中海风格餐厅的设计要点	
常用建材	原木、马赛克、仿古砖、花砖、手绘墙、白灰泥墙、细沙墙面、海洋风壁纸、铁艺隔断、不规则水晶灯
常用家具	做旧木家具、皮革沙发、铁艺座椅
常用配色	土黄色＋红褐色、黄色＋橙色＋绿色、蓝色＋白色、黄色＋红色、黄色＋绿色
常用形状图案	拱形、条纹、格子纹、鹅卵石图案、罗马柱式装饰线、不修边幅的线条

开敞用餐区

顶面喷黑漆为就餐区增添神秘气息

　　用餐区以裸顶喷黑漆的方式处理，再搭配上不规则的玻璃灯具，给人以浩瀚天际中繁星点点的视觉感受，为餐厅增添了神秘的气息。在喷涂时应注意现场保护，不要把其他地方弄脏。

古铜网，打造艺术气息的西餐厅

设计师： 刘涛

设计面积： 260 平方米

装修造价： 150 万元

装修主材： 实木、瓷砖、地板、红砖、古铜网、皮革、大理石

案例说明

　　本案是一家西餐厅。设计师发掘青岛对各国美食有研究，渴望体验并有一定海外生活经历的那群人对就餐环境的要求，在青岛明亮的高档商场内创造了一个可以静心寻梦的场景：低调但又保持强调，结合吧档、西餐档、面包档多功能需求，用它们之中的共性气氛，用一种语言来讲述，下垂的古铜网来演绎"透与遮"、复古的钨丝灯演绎繁与寡、变色的 LED 与 8 度的 LED 射灯来演绎"静与闹"，让透与遮、繁与寡、静与闹共存，诠释一种随性、自我的腔调。

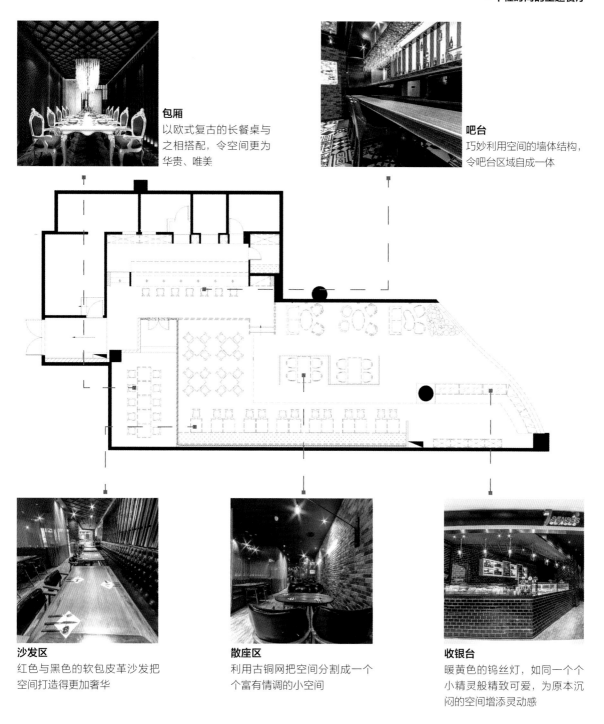

包厢
以欧式复古的长餐桌与之相搭配，令空间更为华贵、唯美

吧台
巧妙利用空间的墙体结构，令吧台区域自成一体

沙发区
红色与黑色的软包皮革沙发把空间打造得更加奢华

散座区
利用古铜网把空间分割成一个个富有情调的小空间

收银台
暖黄色的钨丝灯，如同一个个小精灵般精致可爱，为原本沉闷的空间增添灵动感

设计剖析

　　设计师把传统的构件运用到新的场景中，让人产生丰富的联想；金属帘的透与遮、吧台区闹与静的自由而富有当代气息的空间设计、工业时代的装饰细节与个性且富有设计感的皮革家具展现了设计师前沿的设计理念。

收银台

黑色的瓷砖与钨丝灯彰显工业气息

　　黑色的瓷砖铺满整个收银台，彰显出随性、自我的工业气息，与复古的钨丝灯搭配表现出现代人追求的自我与时尚的个性。

后现代工业气息餐厅的设计要点	
常用建材	黑白地砖、不锈钢、文化石、大理石、木饰墙面、玻璃制品、条纹壁纸、金属帘
常用配色	红色系、黄色系、黑色＋黄色、绿色＋蓝色、对比色
常用装饰	抽象艺术画、无框画、金属灯罩、钨丝灯、玻璃制品、金属工艺品、LED 灯、金属隔断
常用形状图案	几何结构、直线、点线面组合、方形、弧形

包厢

复古家具强化餐厅的小资情调

　　餐厅包间的墙面以呈波浪形的古铜丝网装饰，配以复古的猫脚家具，在古典与现代、黑色与金色的碰撞中，更加强化了这一空间的小资情调。

吧台

变色的 LED 灯展现吧台的热闹氛围

　　大多数人的生活空间中较常见或生冷或柔和的灯光，时间久了会令人感觉沉闷、乏味。而吧台的新型
LED 变色灯则以清新、灵动的身姿，变幻莫测的色彩调动了餐厅的氛围，令顾客心情愉悦。

散座区

红砖墙凸显粗犷美感

　　餐厅墙面摒弃了较为复杂的造型，以原始、粗犷的红砖墙与荧光字来展现后现代工业风的气息。搭配射灯使用，令餐厅呈现出粗犷的美感。

沙发区

沙发区极具艺术趣味

古铜网搭配皮质沙发及暖色灯光，在同一空间中演绎了一场如此和谐的激情碰撞，个性化且富有装饰感的红砖与整体风格相呼应，缔造了一个艺术化的用餐情趣空间。

精美墙绘，缔造活力十足的生活餐厅

设计师： 沈嘉伟

设计面积： 350 平方米

装修造价： 100 万元

装修主材： 木地板、水泥自流平、文化砖、玻璃、黑镜、墙纸

| 案例说明 |

　　本案旨在塑造一个有活泼趣味的餐厅。地面以水泥自流平为主，木地板与水泥构筑了大部分墙面效果，顶部处理上显现原有结构并喷黑，大体上呈现工业的风格。但细节部分又不完全像"工业"二字那样冷酷，地面点缀了多彩的花砖，各类墙纸又丰富了空间，增加了看点，有趣的装饰物品、墙绘将空间调和得活力十足。整个用餐环境显得既时尚年轻，又不失沉稳质感。

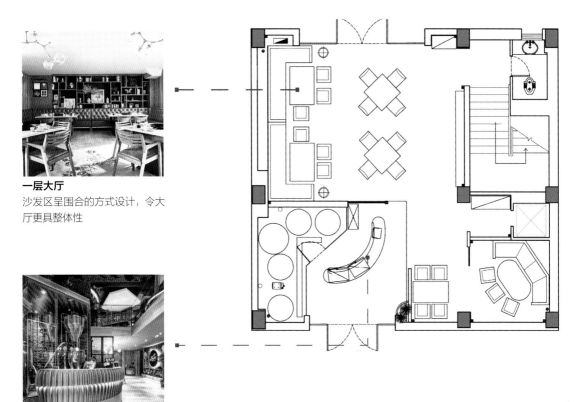

一层大厅
沙发区呈围合的方式设计，令大厅更具整体性

收银区
造型独特的收银台呈斜向摆放，柔化了视觉，不会令顾客一进门就感到拥堵

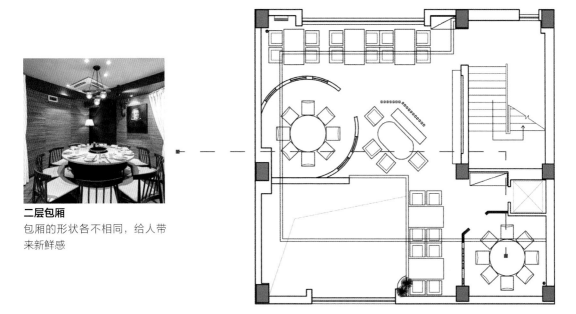

二层包厢
包厢的形状各不相同，给人带来新鲜感

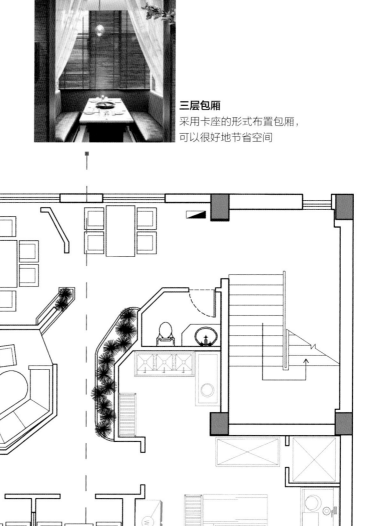

三层包厢
采用卡座的形式布置包厢，
可以很好地节省空间

设计剖析

　　本案一共有三层，设计师在满足实际功能的同时，设有适应不同人数的散座、卡座，以及风格各异的包间。旨在令整个空间不会千篇一律，让顾客在本餐厅的不同地方用餐时都有不同的感受。

收银区

收银台后的设备区以玻璃做隔挡令视觉得以延伸

　　收银区靠近门口，是客人进门后对整个餐厅的第一印象，为了扩大视觉的延伸度，设计师把收银台后面的设备区用玻璃作为隔挡，同时也使不锈钢装饰成为天然的背景墙。

一层大厅

不规则的柜子富有装饰性

　　沙发区采用不规则的柜子作为背景，上面可以摆放各类工艺品，丰富了空间的层次。同时保留一块区域作为挂画区，没有整体设置成柜体，意在令空间更为多变、灵活。

活力色彩印象的软装配色

暖色系	选用高纯度、高明度的红色、橙色或黄色等暖色系软装，能够塑造出最具活力感的空间氛围
对比配色	以鲜艳的暖色系为主的对比类配色，例如红与绿、黄与蓝、黄与紫等，可以营造出强烈的视觉冲击力
类比配色	将高纯度、高明度的暖色系中两种或三种色彩做组合，具有热烈感

二层包厢

玻璃隔断扩大空间的开阔感

    时尚现代的餐厅设计中经常会用到钢化玻璃作为空间的隔断，起到隔而不断的视觉效果，增强空间的开阔感。但在选择钢化玻璃时，应考虑尺寸是否便于运进餐厅内较高的楼层，如果所需的规格过大，可以在设计的时候考虑化整为零。

三层包厢

大面积立体墙绘
引人注目

　　包厢的入口处采用鲜艳的红色墙绘装饰墙面，其独特的立体感与大块的笔触，令就餐氛围充满奇幻感，非常引人注目。

渔网状屏风，打造海洋韵味主题餐厅

设计师：杨焕生

设计面积：250 平方米

装修造价：150 万元

装修主材：板岩石材、镀钛金属、烤漆铁件、金属网、锈铁板、镜面、实木板、大理石、定制画、定制灯具、定制家具

案例说明

　　本案是吸取海洋元素而设计的主题餐厅。海，如同孕育万物的母亲一般，令人敬畏，也令人向往，其中蕴藏着各样奇异的生物，同时也承载着万物的生命。向往海港、潮汐、船只、海鲜、海风及对大海的孕育的渴望乃以海港愉悦丰收为设计原型。设计师为了打破楼层间的距离感特意塑造挑高 10 米的中庭，让空间形式更为大气磅礴。利用渔网状屏风与船板材质的斜纹木板界定空间，令海的自由形也流荡在此空间。在餐厅空间规划上，一楼属开放空间，二楼则被划分为包厢空间，各单元间以活动式屏风为界定，但也可全部开启供多人交流所用。

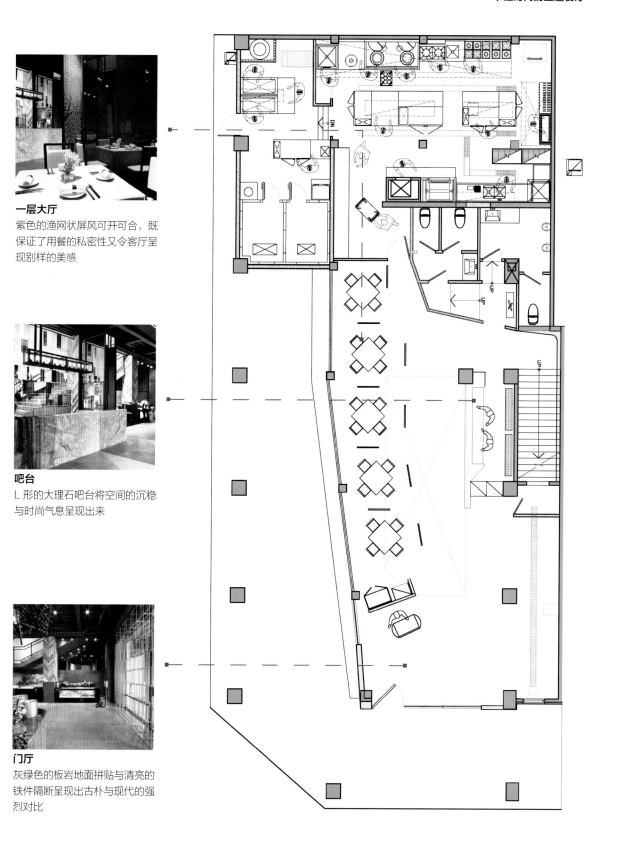

一层大厅
紫色的渔网状屏风可开可合，既
保证了用餐的私密性又令客厅呈
现别样的美感

吧台
L 形的大理石吧台将空间的沉稳
与时尚气息呈现出来

门厅
灰绿色的板岩地面拼贴与清亮的
铁件隔断呈现出古朴与现代的强
烈对比

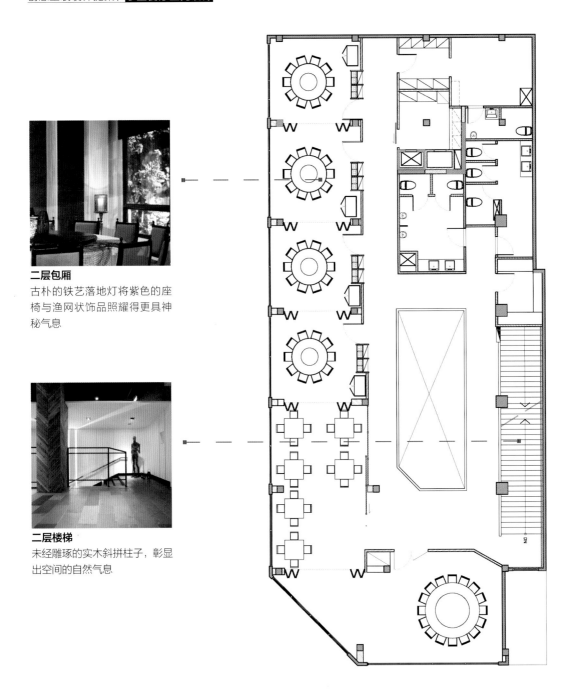

二层包厢
古朴的铁艺落地灯将紫色的座椅与渔网状饰品照耀得更具神秘气息

二层楼梯
未经雕琢的实木斜拼柱子，彰显出空间的自然气息

设计剖析

　　设计师以夜幕低垂、华灯初上时，如海港彻夜灯火、繁星点点般带来的神祕与自在为主要设计理念。设计之于空间，是塑造对心境的渲染与调剂。渔网状屏风置于空间内，创造出犹如在海与港的边界大啖海鲜的酣畅淋漓之感，同时也恰到好处地保留了私密的空间。让餐厅在层次丰富之中仍可维持丰富的视野与想象。

吧台

灰白大理石令空间更加轻盈灵动

　　一楼吧台区以深色作为基底，象征海洋深层的神祕，使原本已挑高的楼层更加富有层次，当中以灰白
石材、金色清亮的铁件装饰，令空间更加轻盈灵动。

门厅

板岩石材地面增添文化气息

    板岩石材拥有天然的色泽与纹理，为餐厅增添了一些文化气息。但是板岩砖容易褪色。大量水分的渗透会导致板岩砖的外观古旧。因此，板岩最好不要安装在长期处在潮湿的地区，在一些经常处于潮湿的区域可用其他材料代替或定期使用正确的养护剂养护。

一层大厅

渔网状屏风具有海洋的神秘气息

大厅用餐空间利用紫色渔网状屏风及卷帘做间隔，奢华又不失轻松的韵味，隐隐约约的朦胧感流淌着海洋的神秘气息，让入座的顾客能徜徉其中并拥有不被打扰的私密感。

二层楼梯

几何铁件增添玩味感

　　楼梯通往二楼，沿着楼梯上侧边挑高装饰的几何铁件，更穿透了整体空间，垂直线性的镂空金属框，镶嵌着镜面玻璃，分割了视野空间并添加了几分视觉上的玩味感。

二层包厢

落地灯令人备感温暖

　　窗边的落地灯采用金色铁艺与蜡烛似的灯芯，造型非常别致。如同海上的灯塔散发着温暖的光线，让人感到希望与快乐。

PART 4

小资情调的主题餐厅

红酒与咖啡，彰显优雅气息的西餐厅

设计师：袁筱媛

设计面积：89 平方米

装修造价：20 万元

装修主材：壁纸、釉面砖、大理石、梧桐木板、松木强化地板、强化玻璃、橡木板

案例说明

　　新形态的西餐店结合咖啡和红酒，白天提供给喜爱咖啡的朋友一个有质感的空间，晚上则变形为爱酒朋友交流聚会的场所，同时提供各种三明治、烤肉等代餐。酒与咖啡并非是新的组合，但有各自的文化与历史，本案浓缩中国台北人生活形态的缩影。因为高效率与强调细节的工作文化，许多人会在休闲之余发展自己的兴趣与爱好，寻找心灵的寄托，经过许多分析后，设计师决定将品酒文化生活化，以舒适度与温馨感为主要设计理念。这里可以缓解生活带给人们的压力，让人们轻松享受葡萄酒与咖啡的魅力。

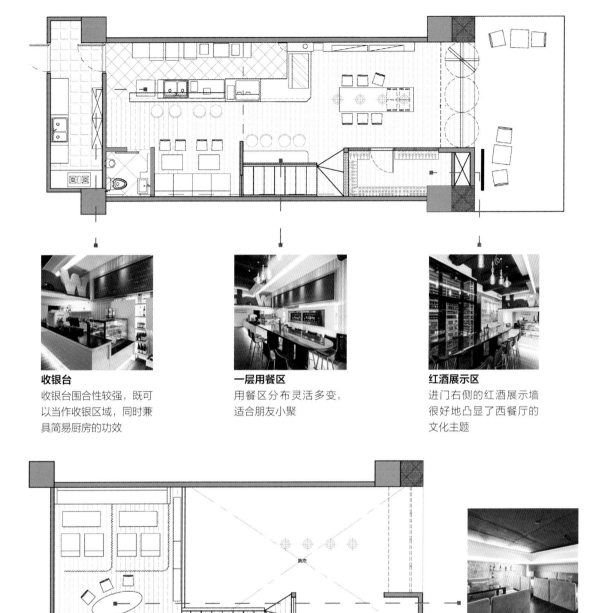

收银台
收银台围合性较强，既可以当作收银区域，同时兼具简易厨房的功效

一层用餐区
用餐区分布灵活多变，适合朋友小聚

红酒展示区
进门右侧的红酒展示墙很好地凸显了西餐厅的文化主题

二层用餐区
因层高的限制，二层设置得较为简易

设计剖析

　　本案将西餐厅定义为简约典雅的形象，入口处的玻璃门采用铁艺制作框架，玻璃采用黑色古典玻璃贴，使整个空间充斥着一种古典与现代结合的视觉感受，墙面以红酒品牌的橡木标牌为装饰，呈现出独具特色的优雅氛围。

红酒展示区

红酒展示区兼具实用与装饰效果

因为本餐厅以红酒和咖啡文化为主，故入口旁设置到顶的一大型恒温红酒柜，内有代理品牌的各种类型红酒，使来访的顾客能了解产品的内容。同时以黑色烤漆玻璃为边框，里面整齐排列品种繁多的红酒也起到了很好的装饰效果。

优雅色彩印象的软装配色	
冷色系	以低明度的蓝色、紫色等冷色系色彩，搭配灰色或黑色，能够表现出都市典雅的色彩印象
茶色系	在具有优雅气息的灰色、蓝灰色等配色中，加入茶色系，能够增加坚实、厚重的感觉，塑造具有高质量感的氛围
红色系	将红色系作为点缀色与其他具有优雅感的色彩搭配，能够增强时尚感

一层用餐区

一层用餐区布置温馨，令人有宾至如归之感

用餐区中间设置的餐桌兼有吧台的作用，老板经常会与来访的顾客在此谈天说地，尽情畅饮，让客户犹如在家中品尝点心、红酒或咖啡。而楼梯旁的梧桐木墙面上则是挂着烙有各红酒品牌的橡木标牌，代表着各种酒商品与酒文化，而橡木则是红酒文化中一个非常重要的代表。

收银台

收银台映衬出酒文化的典雅情调

用餐区走到尽头为展示品与收银台，将红酒保温箱固定于右墙上，下方放置定制的木箱，可供顾客自行挑选。而墙面上的马赛克形状壁纸与收银台前面的白色釉面砖相呼应，衬托出酒文化的典雅。

二层用餐区

二层用餐区简单僻静，满足顾客的私人需求

　　二楼的功能主要为座位区，设计师希望能满足每位客人的用餐需求，除一层的开放区域外，也能提供顾客想要自己享受红酒的私人座位。一般这种夹层层高过矮的区域，为了防止客人碰头，最好在顶面做软包处理。

活动式门扇，表现独具创意的料理餐厅

设计师： 黄士华

设计面积： 400 平方米

装修造价： 30 万元

装修主材： 黑镜、马赛克、白橡木、花岗岩、明镜、铁网、橘色亚克力

| 案例说明 |

　　本案是一套充满着时髦料理文化的主题餐厅。以精湛的日式料理和法餐功夫配合盘式艺术所呈现出精致新派料理的地道美味，颠覆顾客对于传统料理刻板的印象。其位于市区中心的商场内，为了凸显设计细节与餐饮的概念，将一般商场店中店会采用的玻璃隔间，以全活动铁件门扇作为隔屏，当餐厅有活动或是顾客较多时，可将门扇全部开放，同时形成作为与座位之间的隔屏。烤漆铁门上铁件以品牌色彩为主，外框为 30 毫米黑铁，内框为 20 毫米橘红色铁件，整个铁门以具有两种规律的分割，呈现出一种创意的碰撞。

寿司吧
吧台的设计方式，令就餐
氛围更加愉悦

收银台
长条形吊灯把此区域装点得恬
静、唯美，两处通道的设计也
让工作人员出入更为方便

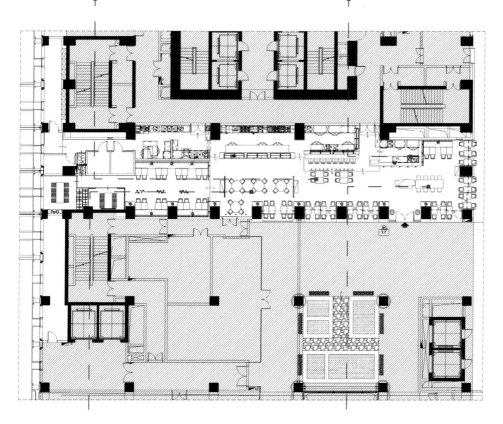

热厨区域
沙发区呈围合的方式设
计，令大厅更具整体性

开敞用餐区
位于进门口处，光线很
好，适宜多人用餐

设计剖析

　　设计师将空间分成三大区域，用餐区、开放工作区与厨房餐厅整体为一个狭长空间，用餐区通过家具与光线的不同作为空间层次的变化，地面以六角形马赛克与编织地毯相搭配，大纹理的马赛克延续了LOGO的流线感，有动态概念。墙上更多地保留了原有水泥结构与质感涂料的相互搭配，呈现出特有的工业风。

开敞用餐区

花岗岩与原木形成强烈对比

开敞用餐区的桌子别出心裁地使用磨切的花岗岩与实木材料相结合，其强烈对比的装饰效果更贴近自然，显得大气、稳重。在施工搬运花岗岩时要注意不要对地面或墙面造成损坏。

室内装饰常用花岗岩类别	
珍珠白	较为稀有,其矿物化学成分稳定、岩石结构致密。可用于地面、墙面、壁炉、台面板、背景墙等的制作
印度红	结构致密、质地坚硬、耐酸碱、耐气候性好。一般用于地面、台阶、踏步等处
黄金麻	表面光洁度高,无放射性,结构致密、质地坚硬、耐酸碱。常用于墙面、地面、台面等的装饰

收银台

吊顶与收银台的流线相统一

　　收银台采用粗糙与细腻的花岗岩形成的强烈对比，从而独具视觉冲击力。吊顶的造型方面也根据台面的形状而设计，让收银台在视觉上形成顶与地的统一。

寿司吧

不规则吊顶更生动

　　吊顶不再只有传统的"平铺直叙"，有时简单的材料往往可以有着最多样的变化，为了表现餐厅的创意性，顶面采用形状、大小、排列方式各不相同的矿棉板，这种凹凸的造型让顶面错落有致、光影生动。

热厨区域

工业材料的直接运用体现出创意料理的新概念

　　为了避免过度日式的空间感，强调创意料理的概念，台面采用镜面大理石与原木搭配，同时以铁件与铁网直接作为结构的呈现，形成一种工业感，让空间的质感跳脱出日式料理的概念，墙上更多地保留原有的水泥质感，这种低调的空间感能增加用餐的舒适度。

麦田，彰显田园风情的生活餐厅

设计师： 卢忆

设计面积： 65 平方米

装修造价： 6 万元

装修主材： 实木、瓷砖、藤竹、麦穗、橡木板、铁网

| 案例说明 |

　　本案是一家独具匠心的空间划分，大厅以麦色为主基调，橡木板染色，网格铁艺与橡木栅栏圈出一片静谧安详，明亮的灯光洒落在餐桌的小雏菊上，挪动干净简易的座椅，转身推开窗户，风吹麦浪，起起伏伏，甜甜的气息迎面扑来，在心底吹起一叶属于回忆的麦片，令人思绪万千。

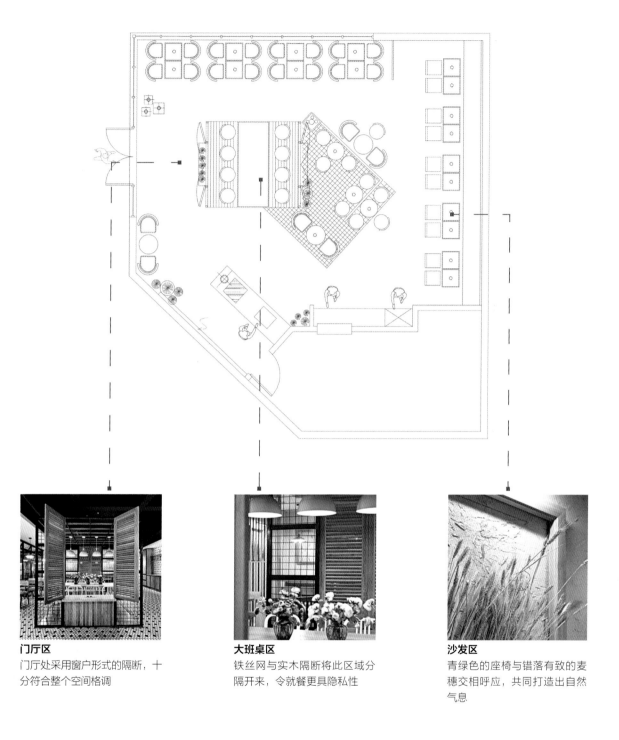

门厅区
门厅处采用窗户形式的隔断，十分符合整个空间格调

大班桌区
铁丝网与实木隔断将此区域分隔开来，令就餐更具隐私性

沙发区
青绿色的座椅与错落有致的麦穗交相呼应，共同打造出自然气息

设计剖析

  设计师令田园与时尚融合，一字排开的桌椅沿着墙面，青草绿色的座椅与墙面麦浪相互映衬，橡木画框圈起的艺术墙面回归原始自然，灯光映射下的麦秸仿佛让人聆听到广袤麦田下孩童嬉戏的笑声，不管是大厅下的公共空间还是角落里的低吟沉思，麦田下的舒缓心境一直蔓延开来。

门厅区

独特的窗户形隔断令人心情舒畅

门厅是客人进门后对整个餐厅的第一印象，因此开阔特别的隔断形式能让人眼前一亮，提高用餐乐趣。橡木打造的开窗造型隔断，令人仿佛感到清风拂面，舒畅的心情油然而生。

田园风情的色彩搭配

绿色系 + 大地系色	树木与泥土是随处可见的自然事物，这两种颜色搭配在一起，不论是高明度还是低明度，都具有浓郁的自然氛围
绿色系 + 黄色系	绿色与黄色搭配犹如阳光和草地，能够塑造出令人心旷神怡的田园氛围
绿色系 + 红色系	取自自然界中花的颜色，两者进行搭配能给人一种生机盎然的感觉

大班桌区

唯美花卉为餐厅增添生气

在充满自然气息的餐厅中，花卉绿植是不可或缺的，将各类花卉错落有致地插在玻璃瓶中，搭配黄色、白色相间的座椅，令人心情舒畅。同时也增添了餐厅的生气。

沙发区

田园麦穗令人回归平静

金黄色的麦穗起伏多变，令人仿佛站于田间，麦浪随风摇曳，伴随着清新的泥土沁人心脾。在此品尝美食，使人能摒弃外界的喧嚣声，回归到心灵的宁静，在闹市中寻求心灵上的寄托，绽放出一丝纯洁与宁静。

青花瓷元素，打造别具一格的面馆

设计师： 沈嘉伟

设计面积： 45 平方米

装修造价： 26 万元

装修主材： 瓷砖、木地板、流水石、硅藻泥、文化砖

| 案例说明 |

　　本案是成都一家特色面馆，设计师主要以混搭风格让空间充满活力。厨房区域、用餐区域能够合理配置空间使得空间利用率达到最高。同时通过创意的装饰手法，在小空间里使用了整面的有趣墙绘，结合传统的青花瓷元素、原木与清新的绿色调穿插其间，使得空间充满年轻与时尚的感觉。

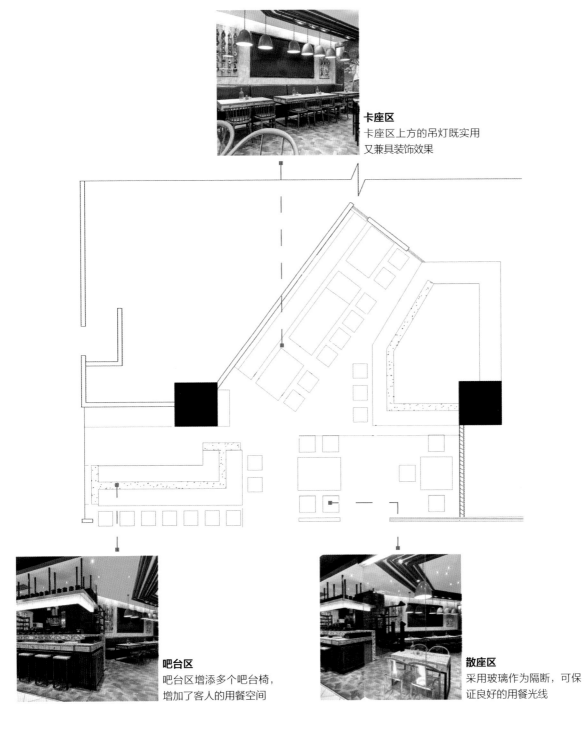

卡座区
卡座区上方的吊灯既实用
又兼具装饰效果

吧台区
吧台区增添多个吧台椅，
增加了客人的用餐空间

散座区
采用玻璃作为隔断，可保
证良好的用餐光线

设计剖析

　　因为餐厅的面积较小，为了最大限度地利用空间，设计师采用吧台和贴墙设置卡座的形式。同时在整体布局上采用多种组合方式和适当的区域分割，并利用镜面，青花瓷元素的瓷砖、玻璃、透明树脂等材料，来达到扩大视觉感的效果。

吧台区

吧台用餐区令就餐方便快捷

为了最大化地利用餐厅，设计师在吧台处放了多张椅子，这样可以使顾客取餐用餐更方便快捷，同时也扩大了用餐空间。

散座区

透明的树脂座椅为客厅带来清爽气息

　　透明的树脂座椅别具朦胧质感，搭配绿色扶手显得既清爽又活泼俏丽。半环抱式造型，弧线形的椅背与底座浑然一体，给人踏实敦厚的感觉，非常适合小型的餐厅使用。

◢ 卡座区 ◢

餐桌顶部管线带来新颖的视觉感受

卡座区采用浅色木纹的实木家具与橄榄绿的皮革座椅相搭配，而顶面根据餐桌的走线设置一排管线，无形中把卡座区划分成一个独立的区域，这种独特的划分方式令人眼前一亮。

手工做旧，传递英雄气概的面馆

设计师： 俞怀德

设计面积： 360 平方米

装修造价： 120 万元

装修主材： 水泥、回收板材、乳胶漆、文化石、黑白根大理石

| 案例说明 |

　　本案是一个具有英雄气概的面馆。设计的定位就是接地气，但是要有品牌性，赋予它的基调就是生性豪爽、料猛味足，但决不累赘。设计师借用传统的装饰元素，手法却是新式。为了应和怀旧的灵魂，保留手工痕迹成为这个设计的主要特征。在当下环境中表现出一种庶民的乐趣。步入接待大厅，设计师独具匠心地在建筑内部打开了门口上空一、二两层的楼板，开辟出一个垂直的共享空间。这个中庭使建筑内部一楼和二楼拥有了更好的通风，也促使顾客有"更上一层楼"的欲望。一层主要是厨房区域，二层为用餐区，其中每张略显厚重的餐桌阵列式排放，从而营造出热火朝天的吃面场景，每个区域有丰富的变化与呼应。

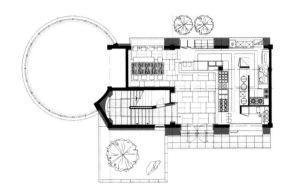

散座区 1
餐桌靠近窗户成"一"字形布置，使用餐区域光线极佳

卫生间
靠近角落设置，可以很好地保证私密性

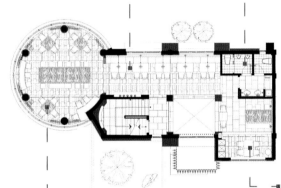

圆形用餐区
中心为长方形用餐区，四周辅以小型餐桌，使整个用餐区布局错落有致

散座区 2
靠近中庭设置，可以俯瞰一楼的景色

设计剖析

　　设计师运用大量的回收旧木加工出各种木方、板材，特意保留了手工痕迹，进入到该空间能让人们体验到自然气息，在这里建筑室内空间成为自然的媒介，人们通过建筑空间能够感知自然的气息。熟悉的材质、简单的色系，多了些许亲切。

圆形用餐区

不规则的钨丝灯为餐厅带来温暖气息

不规则形状的钨丝灯，泛着暖黄色的光，将餐厅照射得更加柔和、温暖。餐厅吊灯的悬挂高度直接影响着光的照射范围，安装过高会显得空间单调，过低又会造成压迫感。因此，餐厅吊灯一般是距离地面2.2米左右，距离餐桌60厘米左右为最佳的安装高度。

温暖、亲切的色彩搭配	
红棕色系	红棕色多为木质家具或木质框架的色彩，此种色彩具有浓郁的古典感，若搭配白色或浅色系软垫，能够体现出自然的美感
原木色系	未经处理的木材具有天然的温暖气息，能够营造出悠然自得的氛围
大地色系	大地色系包括褐色、茶色、红褐色、栗色等一切与泥土相关的色彩，作为软装的主色使人感到亲切、可靠

散座区 1

餐桌和墙面用材、色调统一

餐桌和墙面都是浅色木纹的实木设计，用材统一、色调一致，画面十分和谐，同时又以不同形式和排列方式作为区别，可谓是独具匠心。

散座区 2

实木雕花展现英雄本色

这里紧邻中庭区域，可以俯瞰一层景色，同时将草莽英雄骑马的飒爽英姿刻画在墙面的实木上，栩栩如生，同时又非常有意境，令顾客仿佛置身于江湖酒馆中尽情豪饮一般。

旧板材的妙用	
1	旧木方可以加工成长短不一的条形，作为栏杆使用
2	大块的大芯板可以加工成家具，保留木材原有的痕迹，然后表面刷清漆
3	用剩下的木地板和饰面板可以做墙面造型，同时不必拘泥于对称效果，不规则的拼贴更为个性

卫生间

做旧地面与文化石相得益彰

地面采用蓝色做旧的釉面砖，墙面却没有过多的装饰，以灰色文化石大面积铺贴，这种简与繁的对比，与面馆接地气的定位非常吻合。